Gli Squali tra Noi

Squali presenti nel Mar Mediterraneo

Alex Varre

1. La ricchezza della biodiversità del Mar Mediterraneo

La ricchezza della biodiversità del Mar Mediterraneo sta al centro di un'attenzione crescente, dato che questa regione è considerata uno dei punti caldi della biodiversità a livello globale. Con una superficie di circa 2,5 milioni di km² e una profondità massima di oltre 5.000 metri, il Mar Mediterraneo ospita una vasta gamma di habitat e specie, rendendolo una delle aree più diverse al mondo.

Lungo le sue coste, si possono trovare una varietà di ecosistemi, tra cui scogliere, praterie di posidonia, mangrovie, lagune e spiagge sabbiose. Ognuno di questi habitat sostiene una ricca biodiversità, con migliaia di specie diverse che trovano qui il loro habitat ideale.

Uno degli elementi chiave del Mar Mediterraneo è la presenza della posidonia, una pianta marina che forma estese praterie sottomarine. Queste praterie sono ecologicamente importanti, in quanto agiscono come nursery per una vasta gamma di specie marine, come pesci, molluschi e crostacei. Inoltre, le praterie di posidonia giocano un ruolo chiave nella mitigazione dei cambiamenti climatici, poiché assorbono grandi quantità di anidride carbonica dall'atmosfera.

Le acque del Mediterraneo ospitano anche una vasta gamma di specie marine. Tra i mammiferi marini più conosciuti ci sono i delfini e le balene, che popolano queste acque e si nutrono di pesci e calamari. Inoltre, sono comuni anche le tartarughe marine, come la tartaruga caretta caretta e la tartaruga verde, che usano le spiagge del Mediterraneo come luoghi di nidificazione.

Ma non sono solo i mammiferi e le tartarughe marine a dare vita alla biodiversità del Mar Mediterraneo. Le acque sono ricche di pesci, come tonni, sgombri, branzini e saraghi, che costituiscono una risorsa alimentare chiave per molte comunità costiere. Inoltre, le acque ospitano anche una varietà di invertebrati marini, come coralli, meduse e crostacei, che contribuiscono alla diversità dell'ecosistema marino.

Tuttavia, la biodiversità del Mar Mediterraneo è minacciata da una serie di fattori. Tra i principali fattori di minaccia ci sono la pesca eccessiva, l'inquinamento, la distruzione degli habitat costieri, il cambiamento climatico e la presenza di specie invasive. Questi fattori mettono a rischio le specie marine e gli habitat, compromettendo l'equilibrio ecologico e la sostenibilità delle risorse del mare.

Per proteggere la biodiversità del Mar Mediterraneo, sono necessarie azioni urgenti da parte di governi, organizzazioni ambientaliste e comunità locali. La creazione di aree marine protette è un passo importante per garantire la conservazione di ecosistemi unici e specie marine minacciate. Queste aree servono da rifugio per le specie più vulnerabili, permettendo loro di riprodursi e crescere in sicurezza.

Inoltre, è fondamentale promuovere la pesca sostenibile e ridurre l'inquinamento marino. Le reti da pesca selettive e l'adozione di pratiche di pesca responsabili possono aiutare a preservare le risorse ittiche e a evitare danni agli ecosistemi marini. Allo stesso tempo, è fondamentale ridurre l'utilizzo di plastica monouso e promuovere la raccolta differenziata e il riciclaggio per prevenire l'inquinamento delle acque.

L'educazione ambientale svolge un ruolo fondamentale nella protezione della biodiversità marina. Sensibilizzare le comunità locali e le future generazioni sulle ricchezze del Mar Mediterraneo può promuovere una maggiore consapevolezza e un senso di responsabilità verso il mare e la sua biodiversità.

La ricchezza della biodiversità del Mar Mediterraneo rappresenta un tesoro che merita di essere protetto e conservato. Solo attraverso uno sforzo comune, basato su azioni concrete e una maggiore consapevolezza, possiamo garantire la sopravvivenza di questo straordinario ecosistema per le generazioni future. Il Mar Mediterraneo merita di essere preservato come un patrimonio comune dell'umanità, per il bene delle specie marine e dell'equilibrio degli ecosistemi marini.

2.La presenza degli squali nell'ecosistema marino mediterraneo

La presenza degli squali nell'ecosistema marino mediterraneo ha sempre suscitato grande fascino e timore tra gli appassionati del mare. Questi predatori affascinanti e imponenti giocano un ruolo fondamentale nella catena alimentare e nella preservazione dell'equilibrio degli ecosistemi marini.

L'ecosistema marino mediterraneo è ricco di varietà di specie di squali, tra cui il famoso squalo bianco (Carcharodon carcharias), lo squalo martello (Sphyrna spp.), lo squalo viola (Scyliorhinus canicula) e lo squalo nutrice (Ginglymostoma cirratum). Questi e molti altri squali sono considerati essenziali per la biodiversità e la salute degli oceani.

Gli squali giocano un ruolo cruciale nella catena alimentare marina, regolando le popolazioni di altre specie. Sono predatori di alto livello che si nutrono di una vasta gamma di prede, compresi pesci e mammiferi marini. La loro presenza contribuisce a mantenere un equilibrio tra le diverse specie marine, evitando che alcune popolazioni si sviluppino in modo eccessivo e causino squilibri nell'ecosistema.

Inoltre, gli squali sono responsabili del mantenimento di popolazioni di pesci più piccoli e deboli in buona salute. La loro presenza impedisce che le prede più deboli diventino sovrappopolate eccessivamente, mantenendo così un ecosistema marino più sano.

Gli squali sono anche importanti per la salute degli oceani perché contribuiscono alla riduzione del numero di malattie e infezioni all'interno delle comunità di pesci. È stato dimostrato che la presenza degli squali riduce l'incidenza di malattie e infezioni nei pesci attraverso il loro ruolo di predatori, in quanto si nutrono delle prede più deboli e malate. Questo aiuta a mantenere la popolazione di pesci in uno stato di salute ottimale e a prevenire la diffusione di malattie a livello marino.

Tuttavia, la presenza degli squali nell'ecosistema marino mediterraneo non è esente da minacce e rischi. Una delle principali minacce per gli squali è la pesca eccessiva. A causa della loro reputazione di predatori feroci e pericolosi, gli squali sono spesso oggetto di pesca intensiva per il loro valore commerciale, sia per la vendita della loro carne che delle loro pinne. Questa pratica di pesca eccessiva ha portato alla drastica riduzione delle popolazioni di squali in molti mari del mondo, compreso il Mediterraneo.

La riduzione delle popolazioni di squali riduce l'efficacia del loro ruolo nell'ecosistema marino mediterraneo. La mancanza di squali può portare a squilibri ecologici, con il proliferare di prede che normalmente rientrerebbero nella dieta degli squali. Questo può innescare una serie di conseguenze negative per l'ecosistema marino, come l'aumento della competizione tra le specie, l'esaurimento delle risorse alimentari e, in ultima analisi, la diminuzione della biodiversità complessiva.

Per preservare la presenza degli squali nell'ecosistema marino mediterraneo, è necessario adottare misure di conservazione e protezione delle specie. Le organizzazioni ambientaliste e i ricercatori stanno lavorando per sensibilizzare l'opinione pubblica sull'importanza degli squali nella conservazione degli oceani e promuovere l'adozione di leggi che vietino la pesca indiscriminata degli squali.

Inoltre, è fondamentale educare le persone sul comportamento corretto da adottare in presenza di squali per evitare incontri pericolosi. La paura e la cattiva rappresentazione degli squali spesso portano all'uccisione indiscriminata di queste magnifiche creature. È importante trasmettere la conoscenza che gli squali sono fondamentali per l'equilibrio degli oceani e che la loro presenza è un segno di un ecosistema marino sano.

La presenza degli squali nell'ecosistema marino mediterraneo svolge un ruolo cruciale nella conservazione della biodiversità e dell'equilibrio degli oceani. Le loro diverse specie contribuiscono alla regolazione delle popolazioni di altre specie e alla prevenzione delle malattie nel mondo marino. Tuttavia, la pesca eccessiva minaccia la loro sopravvivenza, pertanto, è necessario adottare misure di conservazione per garantire la presenza di questi magnifici predatori negli oceani. Solo attraverso una maggiore consapevolezza e azioni concrete possiamo preservare questo importante patrimonio marino.

Capitolo I
Specie di squali nel Mar Mediterraneo

Quando si tratta di squali nel Mediterraneo che ospita 47 specie , vale la pena notare che solo alcune di queste specie rappresentano una minaccia per gli esseri umani. La maggior parte degli squali è in realtà molto timida e preferisce evitare gli incontri con le persone. Alcune delle specie più comuni che è possibile trovare nel Mediterraneo includono lo squalo blu, lo squalo tigre della sabbia (squalo toro), lo squalo pinna nera, lo squalo martello e lo squalo bianco.

Lo squalo blu conosciuto in Italia anche come Verdesca è la specie di squalo più comune nel Mediterraneo. Questi squali dal corpo longilinio vivono principalmente in acque fresche e profonde e si avvicinano alla costa solo se si perdono o si trovano in difficoltà. La maggior parte degli avvistamenti di squali blu avviene lungo le coste della Francia, dell'Italia e della Grecia. Gli attacchi mortali da parte di questi squali sono estremamente rari, con solo pochi incidenti documentati nel corso degli anni. Questa specie è molto pescata.
Squalo Blu

Squalo Blu

Lo squalo tigre della sabbia conosciuto in Italia come squalo toro è una specie di squalo di dimensioni medie e non rappresenta un pericolo per gli esseri umani. Questi squali hanno spesso paura delle persone e preferiscono evitare l'interazione con loro.

Squalo Toro o Tigre delle Sabbie

Gli squali martello sono un esempio spettacolare della bellezza della natura, con le loro teste larghe e piatte distintive. Ci sono tre diverse specie di squali martello nel Mediterraneo con dimensioni ragguardevoli fino a 6 metri di lunghezza, e anche se non predano le persone, possono essere veloci e talvolta aggressivi se minacciati. È consigliabile ammirare questi squali da lontano o attraverso una gabbia di squali.

Squalo Martello

Lo squalo pinna nera o squalo orlato è una delle poche specie di squali che preferisce le acque poco profonde. Si trovano spesso vicino a barriere coralline, lagune e baie. Non è aggressivo e preferisce fuggire piuttosto che combattere.

Squalo Pinna Nera

Il grande squalo bianco è considerato il più pericoloso del mondo e ha una cattiva reputazione. Sebbene non sia uno degli abitanti più comuni nel Mediterraneo, può essere avvistato in alcune occasioni. Questi squali possono raggiungere dimensioni enormi le femmine possono superare I 6 metri di llunghezza e pesare oltre 2 tonnellate e sono noti per essere aggressivi nei confronti degli esseri umani è consigliabile osservarli da lontano o attraverso una gabbia anti squali, si stima che nel mondo ci siano circa solo 3500 esemplari di squali bianchi questa specie è estremamente rara nel meditterraneo si stima ci siano 50 o 30 esemplari.

Grande Squalo Bianco

Lo squalo mako pinna corta, è considerato uno dei più veloci predatori degli oceani. Questo squalo ha un corpo slanciato e idrodinamico, che gli permette di raggiungere una velocità eccezionale. La sua pinna dorsale lunga e appuntita gli consente di muoversi agilmente nell'acqua, mentre la sua pelle liscia e aerodinamica riduce la resistenza. Lo squalo mako pinna corta può superare i 70 chilometri orari, rendendolo uno dei pesci più veloci del mare.

Squalo Mako dalle Pinne Corte

Oltre alla sua velocità, lo squalo mako pinna corta è anche un predatore agile ed efficiente. La sua bocca è piena di denti affilati e seghettati, che gli consentono di catturare e smembrare facilmente le sue prede. Si nutre principalmente di pesci, ma può anche attaccare mammiferi marini come foche e delfini. È considerato un predatore di alto livello nella catena alimentare marina.

Passando allo squalo smeriglio, simile allo

squalo bianco (della stessa famiaglia), alcune caratteristiche distintive. Questo squalo ha un corpo allungato e snello, con una colorazione grigia o grigio-azzurra sul dorso e bianca sul ventre. I smerigli hanno una lunghezza media di circa 3 metri, ma possono raggiungere anche i 4 metri. La loro pinna dorsale è grande e ha un aspetto arrotondato.

Gli squali smeriglio si trovano in tutto il mondo, (in Italia è una specie in estinzione per via della pesca.). Questi squali sono noti per essere solitamente timidi e evitare l'interazione con gli umani. Si nutrono principalmente di pesci ossei, calamari e crostacei.

Squalo Smeriglio

Lo squalo elefante, Questo squalo è il secondo più grande squalo vivente dopo lo squalo balena. Può raggiungere una lunghezza di oltre 10 metri e pesare fino a 5 tonnellate. Lo squalo elefante deve il suo nome alla sua testa massiccia e allungata, che ricorda vagamente quella di un elefante.

Questo tipo di squalo è innoquo per l'uomo inquanto si nutre di plancton che filtra aprendo la sua grande bocca.

Squalo Elefante

Tra le altre specie di squali presenti nel Mar Mediterraneo, troviamo lo Squalo Angelo (Squatina squatina), noto anche come squalo di Sabbia o di San Pietro. Vive sulle aree di fondali sabbiosi e fangosi e può essere avvistato a profondità comprese tra i 5 e i 60 metri. Questa specie di squalo è caratterizzata dalla sua forma piatta e allungata, con una lunghezza che può raggiungere i 200 cm. È classificato come vulnerabile a causa della sua ridotta distribuzione e delle popolazioni in diminuzione.

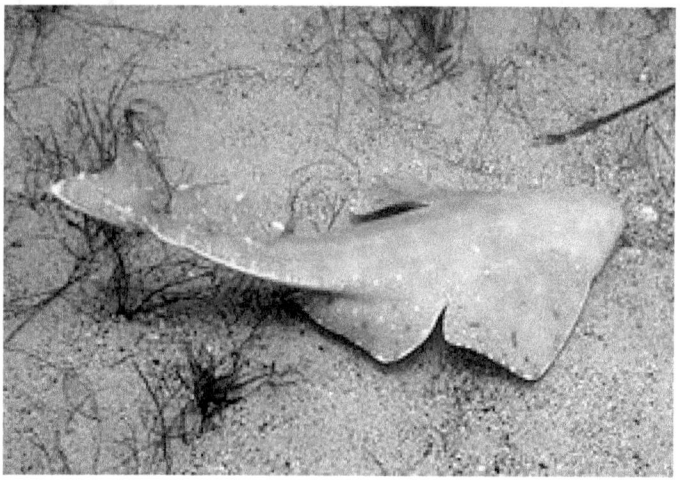

Squalo Angelo

Il centroscimno (Centroscymnus coelolepis), comunemente chiamato squalo lucernario, è un'altro squalo presente nel Mediterraneo.

Vive principalmente sulle scogliere e sulle pendici continentali e si trova spesso a profondità tra i 500 e i 1500 metri. Questa specie di squalo ha un aspetto particolare, con una colorazione grigio-marrone e grandi occhi luminosi. Le sue dimensioni possono arrivare a 1,5 metri di lunghezza. È classificato come vulnerabile a causa della sua bassa fertilità e della pesca intensiva.

Il centroforo comune (Centrophorus granulosus), noto anche come squalo elefante, è un'altra specie di squalo che si trova nel Mediterraneo. Vive in acque profonde, generalmente tra i 400 e i 1500 metri di profondità, anche se può essere trovato anche a profondità superiori a 2000 metri. Si distingue per le sue pinne lunghe e sottili, che gli conferiscono un'aspetto allungato. Le sue dimensioni medie raggiungono i 1,5 metri di lunghezza. Questa specie è considerata vulnerabile a causa della pesca eccessiva e delle sue caratteristiche biologiche che rendono difficile il recupero delle popolazioni.

Lo squalo cagnaccio (Odontaspis ferox), noto anche come squalo muso di maiale. Vive generalmente in acque calde e templati a

profondità comprese tra 100 e 500 metri.
Questa specie di squalo ha una forma tozza e
un muso corto e pronunciato. Può raggiungere
dimensioni notevoli, con una lunghezza che
può superare i 3 metri e un peso che può
arrivare a 170 kg. Nonostante la sua
distribuzione globale, è considerato
vulnerabile a causa della pesca intensiva e
della riduzione dell'habitat.

Squalo Cagnaccio

Lo Squalo Nasuto (Carcharhinus altimus) è
un'altra specie presente nel Mar Mediterraneo.
Vive principalmente in acque costiere e può
essere trovato sia su fondali sabbiosi che
rocciosi. Questa specie di squalo si distingue
per il suo muso lungo e appuntito e la sua

colorazione grigio-azzurra sul dorso. Le sue dimensioni medie raggiungono i 2 metri di lunghezza. Nonostante sia considerato a basso rischio di estinzione, la pesca eccessiva e la degradazione dell'habitat sono comunque una minaccia per le popolazioni.

Squalo Nasuto

Lo squalo bronzeo (Carcharhinus brachyurus) è un'altra specie presente nel Mediterraneo. Vive principalmente in acque costiere e insulari ed è noto per il suo colore bronzo brillante sul dorso. Di solito si trova a profondità tra i 3 e i 100 metri. Le sue dimensioni possono variare da 1,5 a 2,5 metri di lunghezza. È una specie comune e non considerata a rischio.

Squalo Bronzeo

Lo Squalo Pinnacorta (Carcharhinus brevipinna) vive in acque calde e temperate del Mediterraneo. È un predatore potente e si nutre di una varietà di prede, tra cui pesci e molluschi. Questa specie di squalo può raggiungere dimensioni notevoli, superando i 3 metri di lunghezza. Nonostante la sua distribuzione diffusa, è considerata una specie vulnerabile a causa della pesca eccessiva.

Squalo Pinnacorta

Lo squalo grigio (Carcharhinus plumbeus) è un'altra specie che vive nel Mediterraneo. Vive in acque costiere e insulari e può essere trovato anche in acque salmastre. Questa specie di squalo ha una colorazione grigio-azzurra sul dorso e può raggiungere dimensioni notevoli, con una lunghezza che può superare i 3 metri. È considerato vulnerabile a causa della pesca eccessiva e della distruzione dell'habitat.

Squalo Grigio

Lo squalo volpe, appartenente alla categoria degli squali pelagici, è una specie cosmopolita che vive in acque tropicali e temperate di tutti gli oceani del mondo, compresi il

Mediterraneo e il Mar Nero. Questa specie, nota anche come Alopias vulpinus, è caratterizzata da un corpo allungato, appiattito superiormente e inferiormente, e da un dorso arcuato. La sua lunghezza può variare da 1,5 a 2,5 metri, e la sua colorazione varia da grigio scuro a grigio chiaro sul dorso, con un ventre più chiaro. Lo squalo volpe è un predatore attivo e velocissimo, capace di raggiungere velocità fino a 80 km/h, ed è più comune nelle acque costiere, sopra la piattaforma continentale, ma anche al largo.

La sua dieta principale è costituita da piccoli pesci epipelagici, calamari, crostacei, e occasionalmente uccelli marini, che cattura grazie alla lunga cota che colpisce stordendo la preda.

Lo squalo volpe è una specie di interesse conservazionistico a livello globale, in quanto è stata valutata come in via di estinzione a livello mediterraneo, a causa della cattura accidentale durante le attività di pesca al pesce spada e tonno, sia mediante palangari che a circuizione. Inoltre, la pesca mirata di questa specie e di tutte le specie del genere Alopias è vietata in base alla direttiva 120/2018 e alla raccomandazione ICCAT 2009-07.

Anche l'altra specie di squali volpe, nota come Alopias superciliosus, è una specie cosmopolita che vive in acque tropicali e temperate di tutti gli oceani del mondo, compresi il Mediterraneo e il Mar Nero. Tuttavia, la sua popolazione nel Mediterraneo non è considerata a rischio, in quanto non è stata segnalata nessuna diminuzione significativa della stessa, sebbene la sua cattura accidentale durante le attività di pesca al pesce spada e tonno debba ancora essere monitorata.

Squalo Volpe

Altre specie di squali presenti nel Mediterraneo appartengono alla famiglia Triakidae, ovvero gli squali palombi, che includono circa 30 specie. Nel Mediterraneo sono presenti tre specie: Mustelus asterias, Mustelus mustelus, e Mustelus punctulatus. Gli squali palombi sono squali di medie dimensioni, che vivono sia in zone oceaniche che litoranee, dalla superficie fino a 650 metri di profondità. La loro dieta è costituita da crostacei, calamari, e altri pesci. Rappresentano una parte importante delle catture con pesca a strascico e con palangari, tuttavia, le popolazioni di tutte e tre le specie sono diminuite in modo significativo a causa dello sfruttamento eccessivo, ed oggi sono valutate come vulnerabili. Nessuna delle tre specie è protetta nel Mediterraneo.

Squalo Palmbo

Lo squalo manzo, appartenente alla famiglia
Hexanchidae e unico membro del genere
Heptranchias, è una specie che, sebbene non
molto comune, ha un vasto areale che si
estende nelle zone tropicali e temperate di tutti
gli oceani, ad eccezione dell'Oceano Pacifico
nordorientale. Nel dettaglio, nell'Oceano
Atlantico Occidentale, lo squalo manzo
popola le acque dalla Carolina del Nord negli
Stati Uniti fino alla parte settentrionale del
Golfo del Messico, compresa Cuba. Più a sud,
si trova nella zona compresa tra il Venezuela e
l'Argentina. Nell'Oceano Atlantico Orientale,
è stato avvistato lungo le coste che vanno dal

Marocco alla Namibia, oltre che nel Mediterraneo.

La sua presenza nell'Oceano Indiano è registrata ad ovest dell'India, in particolare presso Aldabra, a sud del Mozambico e in Sudafrica. Nell'Oceano Pacifico, invece, gli avvistamenti sono stati segnalati dall'area che va dal Giappone alla Cina, passando per Indonesia, Australia, Nuova Zelanda e a nord del Cile.

Lo squalo manzo può essere trovato sia sul fondale marino che nella zona pelagica. Gli esemplari sono stati catturati a varie profondità, dalla superficie fino a 1000 metri, ma generalmente la loro presenza è più comune tra i 150 e i 450 metri di profondità. Questi squali preferiscono abitare principalmente sulla piattaforma continentale, ma è possibile osservarli radunarsi anche intorno ai seamount, le montagne sottomarine. Lo squalo manzo è una specie dal vasto areale che si estende attraverso le zone tropicali e temperate dei diversi oceani, con una preferenza per le profondità tra i 150 e i 450 metri. La sua presenza è stata rilevata in numerosi paesi e regioni costiere, dimostrando la sua adattabilità e capacità di sopravvivenza in diversi habitat marini.

Squalo Manzo

Altra specie simile allo squalo manzo è lo squalo capopiatto, un predatore di profondità che può vivere fino 1000 metri di profondità di colore marrone,rossastro può raggiungere I 5 metri di lunghezza e pesare oltre 500 chilogrammi è presente sopratutto nello stretto di Messina tra Sicilia e Calabria.
Squalo Capopiatto

Squalo Capopiatto

Lo squalo gattuccio (Scyliorhinus canicula) è
una specie di squalo che vive nel Mar
Mediterraneo, nell'Atlantico orientale e nel
Mar Baltico. È lo squalo più comune nel
Mediterraneo, dove si trova in acque costiere
poco profonde, da 0 a 50 metri di profondità.

Lo squalo gattuccio ha un corpo allungato,
con una testa piccola e un muso appuntito. La
pelle è liscia e ricoperta di macchie scure, che
gli danno un aspetto simile a quello di un
gatto. Gli occhi sono grandi e hanno una

membrana nittitante, che protegge la retina dalla luce solare.

Lo squalo gattuccio è un predatore notturno, che si nutre di pesci, crostacei e molluschi. È una specie innocua per l'uomo, ma può mordere se minacciato.

La lunghezza media di uno squalo gattuccio è di circa 60 cm, ma gli esemplari più grandi possono raggiungere i 100 cm di lunghezza. I maschi pesano in media 1,5 kg, mentre le femmine pesano in media 2 kg.

Lo squalo gattuccio è una specie ovovivipara, ovvero le uova si schiudono all'interno del corpo della madre. Le femmine partoriscono solitamente da 10 a 20 piccoli per volta. I piccoli squali gattuccio sono indipendenti alla nascita e possono nuotare e procurarsi il cibo da soli.

Squalo Gattuccio

Lo squalo seta, è uno squalo di medio grandi dimensioni con colore del corpo grigio con riflessi bronzei avvistato nel bacino occidentale dell'oceano Atlantico, tra il Marocco e la Tunisia, nonché nel Mediterraneo orientale.

Squalo Seta

Lo squalo leuca (Carcharhinus leucas), noto anche come squalo zambesi, è una specie diffusa in tutto il mondo, dalle acque tropicali a quelle temperate. È un predatore aggressivo e pericoloso per l'uomo, ed è responsabile di numerosi attacchi. Questa speciè in inglese si chiama *bull shark*, ma non è lo squalo toro conosciuto in Italia.

•**Lo squalo toro (Carcharias taurus)**, invece, è una specie endemica dell'Oceano Atlantico orientale e del Mar Mediterraneo. È meno aggressivo dello squalo leuca, ma può essere pericoloso se minacciato o provocato.

La differenza tra le due specie è evidente osservando la forma del muso: lo squalo leuca ha un muso largo e tozzo, mentre lo squalo toro ha un muso più appuntito con lunghi denti che escono dalla bocca. Inoltre, lo squalo leuca ha una colorazione grigio-bluastra, mentre lo squalo toro è marrone-rossastro.

Squalo Leuca

Lo squalo longimano, scientificamente conosciuto come Carcharhinus longimanus avvistato in diverse occasioni nel Mediterraneo, è una specie di squalo appartenente alla famiglia dei Carcarinidi. È comunemente noto come squalo pinna bianca ocenanico o alalunga per via delle sue lunghe pinne, può superare i 3 metri di lunghezza.

È un pesce aggresivo e territoriale , rappresenta una minaccia per l'uomo. Ha attaccato l'uomo molto più spesso di tutte le altre specie di squalo,è la specie più pericolosa per i sipravvissuti a disastri navali e aerei.

Lo squalo longimano è una specie minacciata a rischio esetinzione.

Squalo Longimano

Lo squalo tigre, noto anche come Galeocerdo Cuvier, diversi esemplari di questa specie,sono stati avvistati nel Mar Mediterraneo osservati in diverse occasioni. Una di queste avvistamenti risale al 1994, al largo di Malaga, in Spagna, nella località di Pinto de la Rosa. Un altro avvistamento è avvenuto nel 2000, a Messina, in Italia, nella località balneare di Celona.

La presenza degli squali tigre nel

Mediterraneo e in particolare in Italia e Spagna sembra ormai confermata, grazie alle catture accidentali di un maschio e una femmina di questa specie avvenute il 7 gennaio 2015 nelle acque di Tripoli, in Libia. I due esemplari sono stati catturati da un palamito durante la pesca agli spada. Questi eventi hanno confermato che gli squali tigre sono in grado di nuotare nel Mediterraneo e che le loro apparizioni non sono più una sorpresa.

L'Squalo tigre è una delle specie di squalo più grandi e spettacolari. Si distingue per la sua pelle a strisce, che ricorda quella di una tigre, da cui prende il nome. Può raggiungere dimensioni imponenti, con una lunghezza che può superare i 5 metri e un peso che può arrivare a pesare oltre una tonnellata.

La sua presenza nel Mediterraneo solleva alcune preoccupazioni, soprattutto per la sicurezza dei bagnanti. Gli squali tigre, infatti, sono considerati predatori molto abili e possono rappresentare una minaccia per gli esseri umani. Tuttavia, gli attacchi agli esseri umani da parte degli squali tigre sono molto rari e, in genere, si verificano solo in seguito a incontri accidentali o provocazioni.

Nonostante ciò, è importante sensibilizzare l'opinione pubblica riguardo alla presenza di questa specie nel Mediterraneo e adottare tutte le precauzioni necessarie per evitare possibili incontri pericolosi. È fondamentale, ad esempio, seguire le direttive dei gestori delle spiagge e dei bagnini, evitare di nuotare nelle zone proibite e attenersi alle raccomandazioni di sicurezza.

La dove ci siano aumenti di avvistamenti di questa specie , è importante che le autorità locali adottino misure di prevenzione, come l'installazione di reti protettive o l'aumento della sorveglianza costiera. Allo stesso tempo, è necessario condurre studi scientifici per monitorare la presenza degli squali tigre nel Mediterraneo e comprendere meglio i loro movimenti e comportamenti.

Nonostante la presenza dei squali tigre possa suscitare alcune paure, è importante ricordare che questi animali sono fondamentali per l'ecosistema marino. Svolgono un ruolo chiave nel mantenimento dell'equilibrio delle popolazioni ittiche e contribuiscono alla

biodiversità degli oceani. Pertanto, è
fondamentale adottare approcci di
conservazione che tengano conto dei bisogni
di queste specie e delle esigenze delle
comunità locali.

Con il surriscaldamento terrestre la presenza
se pur molto rara ancora di squali tigre nel
Mar Mediterraneo, in Italia e in Spagna non
dovrebbe sorprendere più di tanto,
considerando gli avvistamenti e le catture
accidentali avvenute negli ultimi anni.
Tuttavia, è fondamentale adottare le
precauzioni necessarie per garantire la
sicurezza dei bagnanti e promuovere la
conservazione di questa affascinante specie
marina.

È importante sottolineare che gli attacchi di
squali nel Mediterraneo sono estremamente
rari e che la maggior parte delle specie di
squali sono in realtà timide e non
rappresentano una minaccia per le persone.
Tuttavia, è sempre consigliabile seguire le
precauzioni di sicurezza quando si nuota in
acque in cui potrebbero essere presenti squali,
come evitare di nuotare da soli, rimanere
vicino alla riva e non interferire con gli squali

se ne viene avvistato uno.

Squalo Tigre

Nel corso dell'anno 2021, è avvenuto un evento senza precedenti nel Mar di Cipro: è stato avvistato uno squalo balena, un esemplare che non era mai stato filmato nel Mediterraneo prima di allora. La presenza di questo magnifico gigante marino ha suscitato grande meraviglia e stupore tra gli esperti e gli appassionati di fauna marina.

Lo squalo balena, noto scientificamente come Rhincodon typus, è il più grande pesce del mondo, con una lunghezza che può superare i 12 metri e un peso che può raggiungere oltre 20 tonnellate. Questo magnifico animale, dal corpo grigio-azzurro con macchie bianche sul dorso, è solitamente avvistato nelle acque tropicali e subtropicali dei mari aperti, come l'Oceano Indiano, l'Oceano Pacifico e il Mar Rosso.

La sua presenza nel Mar di Cipro, che funge da confine tra il Medio Oriente e l'Europa, ha sorpreso gli studiosi. Si ritiene che questo esemplare di squalo balena possa essere giunto nel Mediterraneo dal Mar Rosso, probabilmente spinto da correnti marine o in cerca di nuove fonti di cibo. Tuttavia, le ragioni che abbiano spinto questo animale a intraprendere un viaggio così straordinario sono ancora un mistero.

La scoperta di questo squalo balena nel Mediterraneo ha suscitato un interesse significativo tra gli esperti di marine. La comunità scientifica è ansiosa di studiare l'habitat, il comportamento e le abitudini di questa rara creatura marina in una regione insolita come il Mediterraneo.

Gli squali balena sono noti per alimentarsi principalmente di plancton, filtrando enormi quantità di acqua attraverso le loro grandi bocche per catturare le minuscole creature che costituiscono la loro dieta. Pertanto, la presenza di questo animale nelle acque del Mar di Cipro potrebbe avere un impatto significativo sull'ecosistema marino locale, fornendo nuove opportunità per la diversità degli organismi microscopici presenti nelle acque mediterranee.

Gli esperti di fauna marina stanno lavorando per monitorare attentamente lo squalo balena e documentarne il comportamento e gli spostamenti. L'utilizzo di tecniche di localizzazione e tracciamento avanzate consente agli studiosi di seguire con precisione gli spostamenti di questo animale, raccogliendo dati preziosi per la ricerca scientifica e la conservazione della fauna marina.

La presenza di uno squalo balena nel Mar di Cipro è un evento unico che sottolinea l'importanza di proteggere gli ecosistemi marini e conservare la biodiversità. Questa scoperta dimostra anche l'interconnessione e l'imprevedibilità degli oceani, in quanto gli animali marini possono spostarsi in aree inattese, portando con sé un'importante carica di meraviglia e sorpresa.

Gli avvistamenti di questo esemplare di squalo balena nel Mediterraneo offrono un'opportunità unica per studiare da vicino questa specie minacciata e approfondire la nostra conoscenza sulle sue abitudini e il suo comportamento. Inoltre, è fondamentale adottare misure di conservazione per proteggere questi splendidi animali marini e garantire un futuro sostenibile per i nostri oceani.

Squalo Balena

Capitolo II Attacchi di squali all'uomo

Nel corso degli anni, sono stati registrati diversi attacchi di squalo in diverse località italiane, che hanno creato grande paura e sconcerto tra i bagnanti e gli appassionati di sport acquatici. Questi incidenti dimostrano che anche nelle acque italiane, considerate generalmente sicure, è possibile incappare in situazioni pericolose.

Uno degli attacchi più antichi documentati risale al luglio 1926, a Varazze, nel Mar Ligure. Un bagnante fu attaccato da uno squalo bianco di circa sei metri a circa 200 metri dalla riva. Questo attacco ebbe un epilogo tragico, lasciando una profonda impressione sulla comunità locale. L'evento fu ampiamente riportato dai media dell'epoca, suscitando una grande preoccupazione tra i bagnanti.

Altri attacchi significativi avvennero nel mese di settembre del 1956 e del 1962 a Circeo, nel Mar Tirreno. In entrambi i casi, un subacqueo fu attaccato da uno squalo bianco di circa quattro metri. Entrambi gli attacchi si verificano a distanza considerevole dalla riva, rendendo chiaro che non solo i bagnanti, ma anche i subacquei possono essere a rischio. Nel secondo attacco del 1962, il subacqueo fu ucciso dallo squalo bianco secondo altri si trattava di un grande squalo smeriglio,l'uomo fu attaccato dal predatore mentre aveva numerosi pesci appesi alla cintura, presumibilmente attirando l'attenzione dello squalo.

Circeo, settembre 1962. I fondali prospicenti il promontorio del Circeo furono per anni il regno quasi incontrastato di numerosi squali appartenenti alle specie più pericolose dei nostri mari, come lo squalo bianco e lo smeriglio. I ripetuti incontri, più o meno cruenti per il subacqueo (e anche per lo squalo) culminarono con il drammatico attacco del 2 settembre 1962, che costò la vita al fotografo subacqueo romano Maurizio Sarra.

Maurizio Sarra fu uno dei pionieri dell'attività subacquea in Italia e seppur giovane, acquistò rapidamente una grande notorietà come fotografo subacqueo. In un'epoca in cui l'attività subacquea era praticamente sinonimo di caccia, Sarra fu uno dei primi a lasciare il fucile per sostituirlo con la macchina fotografica, diventando famoso soprattutto grazie alle sue splendide foto naturalistiche. Era comunque un grande cacciatore e profondo conoscitore dei fondali della sua regione, soprattutto quelli del Circeo, i più belli e ricchi di tutto il litorale laziale.

Era solito effettuare le sue immersioni sulla grande e bella secca del Quadro, qualche miglio a largo del lato orientale del promontorio, di solito nei suoi posti "segreti", dove cioè era sicuro di fare ottime fotografie e soprattutto di portare a paiolo sempre qualche cernia.

La secca del Quadro è un grande bassofondo di forma triangolare, con la base rivolta verso il Circeo, che si estende per molte miglia quadrate, con una profondità media di 20-40 metri e caratterizzata da gruppi sparsi di massi e qualche roccione tra vaste praterie di Posidonia.

Il 2 settembre 1962, Sarra si incontra con il suo amico Massimo Gemini verso le sette e mezzo circa. L'accordo era che sarebbero dovuti andare prima a prendere una loro amica, Donatella Morandi, alla Baia d'Argento, dall'altra parte del promontorio. Sarra decide però di non perdere ulteriormente tempo, per poter sfruttare appieno la giornata e convince Massimo ad andare da solo.

Prende il mare allora con la sua piccola imbarcazione, dal buffo nome di "O Maria Vergine I", dotata di un piccolo fuoribordo Johnson da 6 cavalli, in compagnia del giovane pescatore Benito Di Genova, che gli farà da assistenza rimanendo a bordo durante le sue battute di pesca.

I due si allontanano dalla costa finché riescono a prendere i rilevamenti e cominciano a scandagliare per trovare esattamente il "Taglio di Levante" della Secca del Quadro, ad una profondità di 30 metri. Sarra inizia a vestirsi e, proprio nel momento in cui stava controllando l'erogatore, lo scandaglio a mano "batte" i fatidici 30 metri. Erano le dieci.

Nel frattempo Massimo Gemini era andato a prendere l'amica Donatella alla Baia d'Argento ed era tornato al porto. Ancora vedevano in lontananza la barchetta di Sarra. Partono quasi alle dieci con un daycruiser "Bermuda", motoscafo semicabinato di 6 metri costruito dai cantieri Posillipo e dotato di un potente motore da 60 cavalli.

Coprire tre miglia con una barca di quel tipo fu questione di pochi minuti e i due raggiungono la barchetta di Sarra mentre lui era immerso da una decina di minuti.

Alle dieci e un quarto si affianca alle due barche un altro motoscafo, che proviene dalla terra e che avverte i tre che poco prima avevano avvistato sotto lo sperone del faro un pescecane, con una grossa pinna dorsale grigia che svettava alta e dritta fuori dall'acqua.

In quel momento riemerge Sarra che, aiutato da Benîto, butta in barca una cernia di circa 12 chilogrammi malamente arpionata. Massimo gli comunica che è stato visto nelle vicinanze un grosso squalo, ma lui facendo una smorfia si riimmerge subito, probabilmente per recuperare il fucile che stranamente era rimasto sul fondo. Sono le dieci e venti e l'immersione si preannuncia come al solito ancora lunga e ricca di altre prede.

Sarra invece torna in superficie quasi subito, caccia un urlo soffocato dal boccaglio dell'erogatore, annaspa con un frenetico movimento delle braccia, poi un altro urlo e l'acqua che ribolle intorno a lui si tinge di rosso. Ma la quantità di sangue è sicuramente eccessiva per essere quella di un pesce.

Sarra viene allora tirato su, mentre tiene ancora in mano la macchina fotografica, ancora non si rende conto della gravità della ferita. Prima di perdere i sensi, ha ancora lo spirito di pronunciare una battuta scherzosa tipo "però, mordono bene questi squali".

La gamba sinistra era ridotta in condizioni tremende: interi fasci muscolari erano stati asportati e l'osso era messo a nudo in più parti.

Il subacqueo viene portato immediatamente al porto a bordo del veloce motoscafo dell'amico Massimo Gemini e dal Circeo, con una veloce automobile, fino all'ospedale di Terracina, raggiunto dopo mezz'ora. Immediatamente viene soccorso e, vista la grande quantità di sangue perduto, viene sottoposto a numerose trasfusioni.
Il dottor De Cesare, dopo avergli riscontrato

molte gravi ferite alla gamba sinistra, dalla caviglia alla coscia, tra cui la quasi completa asportazione del polpaccio, e altre meno gravi alla gamba destra, inizia l'operazione, che si protrae per 4 ore. Dopo avergli applicato ben 250 punti di sutura, il medico, vista la gravità delle ferite e il grave stato di choc in cui versa Maurizio Sarra, si riserva la prognosi.

In base alle deduzioni fatte dal medico dell'Ospedale di Terracina osservando le ferite, lo squalo con il primo morso deve avergli squarciato la gamba sinistra dalla coscia al polpaccio, poi si devono essere susseguiti altri attacchi approssimativamente nello stesso punto, quando era già in superficie e si era accorto della presenza dell'animale.

Maurizio Sarra rimane in vita fino a tarda notte, quando sopraggiunge una crisi che non verrà superata. Il dottor De Cesare ha riferito che il subacqueo non è morto in seguito alle ferite riportate, giudicate non estremamente gravi, ma per il forte choc irreversibile che non è regredito, nonostante le intense terapie applicate dallo staff medico.

Non è stato possibile stabilire, né allora né in seguito, l'esatta meccanica dell'attacco né tantomeno conoscere la specie di squalo con sicurezza.

Nel luglio del 1963, un altro attacco di squalo fu registrato a Riccione, nel Mare Adriatico. Questa volta, lo squalo bianco di circa quattro metri attaccò un subacqueo durante un'attività di pesca subacquea. Fortunatamente, il subacqueo riuscì a sopravvivere all'attacco, ma l'incidente lasciò una cicatrice indelebile nella sua memoria.

Nel settembre del 1978, si verificò un altro attacco a Capo d'Anzio, nel Mar Tirreno. Lo squalo bianco coinvolto in questa occasione era di circa cinque metri. Nonostante la presenza di altre persone nelle vicinanze, il subacqueo fu attaccato da quest'enorme predatore, mettendo in luce la potenza e l'imprevedibilità di questi animali marini.

Nel giugno del 1983, un tentativo di attacco fu registrato a Riomaggiore, nel Mar Ligure. In questo caso, uno squalo bianco di circa tre metri si avvicinò pericolosamente a un subacqueo, ma per fortuna l'attacco fu evitato grazie alla prontezza del subacqueo stesso. Tuttavia, questo episodio alimentò ancora di più la paura nei confronti degli squali tra gli amanti del mare.

Nel luglio del 1986, a Punta Secca, in Sicilia, una bagnante fu attaccata da uno squalo bianco di circa tre metri a circa 300 metri dalla riva. Fortunatamente, riuscì a salvarsi grazie all'intervento tempestivo di altre persone presenti in loco. Questo attacco scatenò l'allarme nella comunità locale e portò all'adozione di misure di sicurezza supplementari.

Uno degli attacchi più rilevanti si verificò nel febbraio del 1989 nel Golfo di Baratti, nel Mar Tirreno. In questa occasione, un subacqueo rimase vittima di uno squalo bianco di circa sei metri, a causa di un attacco mortale. Questo evento riaccese la discussione sulla presenza di shark attack nelle acque italiane e la necessità di prendere precauzioni adeguate.

Nel giugno del 1989, un surfista fu attaccato da uno squalo di circa tre metri, mentre era disteso sulla tavola, a Marina di Carrara, nel

Mar Tirreno. Fortunatamente, le ferite riportate dal surfista non risultarono fatali, ma l'incidente fece riflettere sulla sicurezza delle attività sportive in mare.

L'ultimo attacco significativo riportato in questa lista risale a luglio 1991, a Portofino, nel Mar Ligure. In questa occasione, uno squalo bianco di circa tre metri attaccò il kayak di una bagnante a soli 20 metri dalla riva. Anche in questo caso, grazie all'intervento di altre persone, la bagnante riuscì a salvarsi. Tuttavia, questo episodio rinnovò l'allarme sulla presenza degli squali bianchi nel Mar Ligure e sulla sicurezza dei bagnanti.

Gli attacchi di squalo in Italia non sono eventi comuni, ma la loro presenza è stata osservata in diverse località costiere. Gli squali bianchi, in particolare, si sono dimostrati i predatori più pericolosi, che possono mettere a rischio non solo i bagnanti, ma anche i subacquei e gli appassionati di sport acquatici. È importante ricordare che questi attacchi sono ancora molto rari, ma è sempre consigliabile prendere le precauzioni necessarie e rispettare le regole di sicurezza quando si è in acqua.

Nello studio degli attacchi di squali bianchi all'uomo, non sono stati presi in considerazione i 13 casi di esseri umani trovati nello stomaco degli squali bianchi. Non è stato possibile determinare se si trattava di attacchi a persone vive o di casi di alimentazione su cadaveri. Sono stati registrati complessivamente 51 attacchi di squali bianchi nel Mediterraneo, dal 1721 al 2008. Tuttavia, 13 di questi casi sono dubbi, a causa dell'incertezza sull'identità della specie o sull'autenticità dell'attacco stesso. In 4 casi, lo squalo avrebbe lasciato denti o frammenti di denti nell'imbarcazione o nel corpo della vittima. Inoltre, 17 attacchi sono stati fatali, mentre 16 sono stati riportati come non fatali. Non è noto l'esito degli attacchi in altri 18 casi.

Nella maggior parte dei casi, gli attacchi degli squali bianchi nel Mediterraneo terminano dopo il contatto iniziale e gli squali non mangiano né uccidono la vittima. Il tasso di mortalità è elevato (33,33%), ma il decesso è solitamente causato dalla perdita di sangue.

I squali sono creature affascinanti e spesso temute dagli esseri umani. Durante la storia, ci sono stati numerosi episodi di attacchi di squalo, molti dei quali hanno avuto conseguenze tragiche. Tuttavia, grazie al lavoro dell'International Shark Attach File (ISAF) e del MEDSAF, è possibile avere dati e statistiche accurate e aggiornati sugli attacchi di squalo.

Una delle tragedie più note risale alla seconda guerra mondiale, quando i naufraghi erano così numerosi da provocare un elevato numero di morti a causa degli attacchi degli squali. Durante un episodio del marzo 1945, il piroscafo inglese Britannia venne silurato nell'Oceano Atlantico e per cinque giorni gli squali fecero razzia dei superstiti aggrappati alle zattere di salvataggio. Dei 480 uomini di equipaggio, solo 77 furono in grado di sopravvivere, molti dei quali mutilati o feriti dagli squali. Altri episodi simili si sono verificati durante la guerra, come nel caso del piroscafo britannico Nova Scotia, affondato nel novembre 1942 con più di 1000 prigionieri italiani a bordo. Dei naufraghi recuperati dopo

24 ore, più di 750 persero la vita a causa degli squali.

Uno degli episodi più famosi è quello dell'incrociatore americano Indianapolis, affondato nel luglio 1945 dopo aver consegnato la prima bomba atomica sull'isola di Tinian. Dei 1.199 uomini di equipaggio, solo 316 sopravvissero. A causa della segretezza dell'operazione, i soccorsi arrivarono in ritardo e ben 88 delle vittime recuperate presentavano mutilazioni più o meno estese. Molti corpi non furono mai recuperati, quindi non si potrà mai sapere quanti persero la vita a causa degli squali.

Oltre a questi episodi tristi, ci sono anche casi noti in cui gli incontri con gli squali si sono conclusi senza vittime. Nel maggio del 1895, ad esempio, un marinaio cadde in acqua e alcuni squali nuotarono tra i naufraghi senza mai attaccarli. Questo dimostra che non tutti gli incontri con gli squali si traducono in attacchi mortali.

Attacchi di squalo nel Mediterraneo. Sebbene la maggior parte degli incidenti riportati riguardino le coste italiane, c'è una carenza di informazioni sulle coste del Mediterraneo del Sud (Nord Africa). Questo potrebbe essere dovuto ai pregiudizi dei media verso le nazioni occidentali della regione, dove gli attacchi generano un maggiore interesse popolare. Tuttavia, l'analisi storica dei casi risalenti al 1862 suggerisce che la maggior parte degli attacchi nel Mediterraneo coinvolge squali bianchi. Altre specie identificate negli attacchi includono la verdesca e il sei branchie come il capopiatto.

Si spera che questi dati possano aiutare a smentire congetture fantasiose sugli attacchi di squalo e a porre il fenomeno sotto una luce più realistica. Consentendo una comprensione più approfondita degli attacchi.

L'uso del termine "silfjun" nella lingua maltese per indicare uno "squalo delle dimensioni di una balena" e il racconto di un nobile maltese del XVII secolo di nome Giovanni Francesco Abela su un "terrificante mostro marino con una doppia fila di denti" portato a riva sull'isola, suggeriscono l'esistenza di squali di grandi dimensioni e l'occasione di incontri pericolosi tra uomini e questi animali nel Mediterraneo.

Le rappresentazioni degli squali nel corso dei secoli, dall'antichità al Medioevo, mostrano un approccio non lineare alla loro percezione, con molti disegni distorti o imprecisi. Tuttavia, anche i racconti più antichi risalenti al 725 a.C. testimoniano i conflitti tra l'uomo e gli squali nel Mediterraneo, un mare frequentato da popoli di navigatori sin dalle prime civiltà.
Un caso macabro avvenne nel 1908, quando una femmina di squalo bianco di 4,5 metri di lunghezza fu catturata al largo di Capo San Croce, nella Sicilia orientale, con tre cadaveri umani nello stomaco. Tuttavia, si ipotizzò che quei resti appartenessero alle vittime del maremoto causato dal terremoto di Messina e non necessariamente alle vittime dello squalo.

All'interno della creatura furono trovati anche i resti di un cane e una mucca.

Nonostante ciò, il numero totale degli attacchi di squali nel Mediterraneo in epoca moderna è piuttosto modesto, considerando il volume relativamente ridotto di acqua e il grande numero di persone che lo frequentano per divertimento o lavoro. Pertanto, è improbabile che gli uomini debbano preoccuparsi molto, sebbene gli squali subiscano le conseguenze peggiori. Negli ultimi anni, infatti, gli uomini hanno ucciso oltre 100 milioni di squali, rispetto a quattro uomini uccisi dagli squali ogni anno. Tuttavia, la presenza del grande squalo bianco al largo delle coste italiane è ancora un pensiero inquietante, sebbene si sappia ancora poco su questa specie. Secondo gli esperti, le popolazioni del grande squalo bianco e di molte altre specie nel Mediterraneo sono in declino.

Un noto professore di Zoologia dei vertebrati presso l'Università degli Studi di Milano-Bicocca, esperto di squali e autore di uno studio sui grandi squali bianchi nel Mediterraneo, afferma che i grandi squali bianchi erano molto più comuni in passato rispetto ai giorni nostri. Anche molte altre specie di squali hanno subito un declino negli ultimi cinquant'anni a causa dell'eccessiva pesca degli squali stessi o delle loro prede.

Tracciare la presenza degli squali nel Mediterraneo è un'impresa difficile a causa delle sfide legate all'analisi di fonti qualitative. De Maddalena ha creato l'Italian Great White Shark Data Bank per catalogare tutti gli avvistamenti di squali nel Mediterraneo dal Medioevo ad oggi. I dati includono testimonianze di marinai, pescatori, sommozzatori, ricercatori e personale militare, nonché registri pubblici, dipinti e segni di morso sulle carcasse di balene. Questi dati vengono analizzati insieme alle evidenze morfologiche e comportamentali degli squali, escludendo eventuali errori di identificazione. Nonostante le difficoltà nel tracciare la presenza degli squali, le prove suggeriscono un notevole declino delle loro popolazioni nel Mediterraneo a causa dell'attività umana. Sebbene gli incontri con gli squali siano rari, la presenza del grande squalo bianco continua ad essere motivo di preoccupazione. Sembra che le opportunità di incontrarlo saranno sempre meno frequenti in futuro.

Capitolo III
Grandi Squali Catturati

Durante la fine del 1800 , l'ambiente marino nella zona di Trieste era completamente differente da quello attuale. Le acque erano ricche di vita marina e le tonnare costituivano un importante punto di riferimento per i grandi squali bianchi.

I pescatori locali, che dipendevano dal mare per la loro sussistenza, iniziarono a considerare questi predatori marini come una minaccia. Le reti da pesca venivano danneggiate e il pescato veniva sottratto dagli squali bianchi, che erano noti per la loro sete di sangue e la loro fame insaziabile.

Fu così che nel 1872, i governi marittimi di Trieste e Fiume decisero di adottare delle misure drastiche. Venti fiorini sarebbero stati offerti come premio per la cattura di squali bianchi di dimensioni inferiori a un metro, trenta fiorini per gli esemplari da uno a quattro metri e cento fiorini se lo squalo superava i quattro metri. La somma offerta per un esemplare di squalo bianco oltre i quattro metri venne addirittura aumentata a 500 fiorini.

Le catture di squali bianchi, inizialmente, furono molto produttive. Tra il 1872 e il 1890, ben 33 squali vennero catturati e ricompensati. L'attività di pesca si rivelò molto redditizia per i pescatori locali, che vedevano aumentare i loro guadagni grazie a questi premi.

Tuttavia, negli anni successivi, le catture furono meno frequenti. Tra il 1890 e il 1909, vennero catturati solo 22 squali bianchi. Questa diminuzione potrebbe significare che la popolazione di squali bianchi stava diminuendo o che i pescatori locali stavano incontrando sempre più difficoltà nella cattura di questi predatori marini.

Ciò che è certo è che alcuni degli esemplari catturati erano di dimensioni impressionanti. Alcuni di loro superavano i quattro metri e rappresentavano una vera e propria minaccia per i pescatori. È facile immaginare l'enorme fatica e il coraggio necessari per catturare uno di questi squali bianchi.

Oggi, la presenza dei grandi squali bianchi nella regione è molto rara. A causa del declino della popolazione di tonni e del cambiamento dell'ecosistema marino, questi predatori si sono allontanati dalle nostre coste. Sono diventati quasi una leggenda, un ricordo di un tempo in cui i mari erano popolati da creature marine spettacolari e potenti.

Resta da chiedersi se un giorno potremo nuovamente assistere al ritorno dei grandi squali bianchi nel Mare Adriatico. L'ecosistema marino è in continuo cambiamento e, con gli sforzi di conservazione appropriati, potremmo forse vedere questi magnifici predatori nuotare nuovamente nelle nostre acque. Fino ad allora, tuttavia, saremo costretti a ricordare e raccontare le storie dei tempi in cui i Carcharodon carcharias regnavano sovrani nel Mare Adriatico.

La notizia della cattura di uno squalo bianco era il 29 Maggio del 1906 era uno squalo così grande che fece rapidamente il giro della città e attirò l'attenzione di molti curiosi. Carlotta divenne ben presto una vera e propria attrazione, con centinaia di persone che si riunivano per ammirare il gigantesco pescecane imbalsamato.

Ma la storia di Carlotta non si ferma qui. Nel corso degli anni, il gigantesco squalo bianco è diventato un simbolo di Trieste, una sorta di mascotte della città. La sua figura è stata utilizzata in diversi contesti, dalle pubblicità turistiche alle locandine degli eventi, contribuendo a consolidare la sua fama come icona locale.

Nel corso degli anni, diversi esperti hanno studiato Carlotta e il suo impatto sull'ecosistema marino. Lo squalo bianco infatti è una specie che ricopre un ruolo fondamentale nell'equilibrio dell'ecosistema marino. La sua presenza aiuta a controllare la popolazione di altre specie marine, regolando così l'intero sistema alimentare.

Tuttavia, negli ultimi decenni, la presenza di squali bianchi nel Golfo di Trieste è diventata sempre più rara. La pesca intensiva e l'inquinamento marino hanno contribuito a ridurre la popolazione di questi magnifici predatori. Oggi, avvistare uno squalo bianco in queste acque è un evento davvero eccezionale.

Nonostante ciò, il ricordo di Carlotta vive ancora nei cuori dei triestini. La sua storia è stata tramandata di generazione in generazione, diventando parte integrante della cultura locale. Il Museo Civico di Storia Naturale di Trieste continua a custodire gelosamente l'imbalsamazione di Carlotta, che viene esposta al pubblico in occasioni speciali.

Carlotta resta una meraviglia unica nel panorama marino di Trieste. La sua storia affascinante e il suo status di icona locale rendono questo squalo bianco un vero e proprio simbolo della città. La sua presenza nell'Adriatico è fortemente desiderata, poiché rappresenterebbe un segnale di un ecosistema marino sano e in equilibrio.
Lo squalo bianco è una delle creature più imponenti e spaventose del regno marino.

Squalo Bianco Carlotta ,Museo Civico di Trieste

La sua reputazione di predatore feroce ha portato a molte storie ed esagerazioni nel corso degli anni. Se si parla di avvistamenti di squali bianchi in Sardegna, la realtà è molto diversa rispetto ai miti e alle leggende.

Secondo un articolo della Nuova Sardegna del 2006, che cita dati dello Sled (Servizio Locale Educazione e Divulgazione ambientale), dal 1879 al 2001 lo squalo bianco è stato avvistato solo 15 volte nelle acque sarde. Questo dimostra quanto siano rare le apparizioni di questa specie nell'area.

Tra gli avvistamenti più memorabili,

possiamo ricordare due straordinarie catture di esemplari di squalo bianco lungo oltre 6 metri. La prima è avvenuta a Capo Testa nel 1975, mentre la seconda è stata registrata a Stintino nel 1999. Questi eventi hanno destato grande curiosità e interesse nella comunità scientifica e locale.

Altri avvistamenti notevoli si sono verificati sempre a Capo Testa nel 1971 e nel 1978, oltre a un pescecane spiaggiato nel 1989. Al di fuori di Capo Testa, c'è stata una cattura nel 1976 a Santa Caterina di Pittinuri, nell'oristanese. Inoltre, nei mari dell'isola di San Pietro, nell'area di Sulcis, nel 1989 un pescecane è finito nella tonnara.

Tutti questi avvistamenti sono particolarmente significativi perché dimostrano quanto sia raro vedere uno squalo bianco in Sardegna. Nonostante la presenza di questa specie nel Mar Mediterraneo, la sua apparizione è eccezionale e non ci sono mai stati attacchi all'uomo registrati nell'area. Ciò indica che gli squali bianchi presenti nella zona preferiscono nutrirsi di altre prede marine e non costituiscono una minaccia per gli esseri umani.

Quindi, se state pensando di fare il bagno o di fare surf in Sardegna, potete farlo senza timore. Gli avvistamenti di squali bianchi sono così rari da poter essere considerati come fenomeni di folklore. Sono una di quelle storie da raccontare al bar davanti a una birra ghiacciata, come vero e proprio racconto di un vecchio lupo di mare.

In conclusione, lo squalo bianco è una creatura affascinante e potente che merita rispetto. Tuttavia, nella regione della Sardegna, i suoi avvistamenti sono così rari da non costituire una minaccia per gli esseri umani. Quindi, godetevi le acque cristalline e le bellissime spiagge sarde senza alcuna preoccupazione, sapendo che la presenza dello squalo bianco è un evento straordinario e unico.

Era il 26 Luglio 1979 quando il compianto pescatore di Gallipoli, Pompeo Alessandrelli, insieme ai suoi figli, fece una scoperta che avrebbe segnato la storia della pesca italiana. Mentre tiravano le reti dal mare, Alessandrelli e la sua squadra avvertirono un peso insolito e iniziarono a dubitare che si trattasse di un masso o di qualche oggetto inanimato. Tuttavia, presto si resero conto che stavano lottando con uno squalo bianco, ancora vivo e che si dimenava freneticamente per liberarsi dalle reti e scappare.

Senza altra soluzione, Alessandrelli decise di trascinare lo squalo in porto per liberarlo, cercando l'aiuto di altri pescatori nella speranza che il grande pesce sopravvivesse al tragitto. Riuscirono ad attaccare lo squalo alla prua della barca, facendo fronte verso il porto e impiegarono circa un'ora per arrivare in banchina.

Quando finalmente riuscirono ad issare lo squalo sulla banchina tramite una gru, il pesce mostrò ancora segni di vita, ma improvvisamente diede un ultimo scatto e si schiantò con la testa contro il muro, morendo all'istante. Un triste destino per un predatore così maestoso.

Dopo la morte dello squalo, i veterinari dell'epoca esaminarono il suo stomaco e trovarono al suo interno due stivali in gomma, entrambi della stessa misura. Questa scoperta lasciò tutti sbalorditi, rivelando il fatto che lo squalo si era probabilmente cibato di oggetti umani, un comportamento estremamente insolito per questa specie.

Lo squalo sorprendeva anche per le sue dimensioni impressionanti: misurava 6.2 metri di lunghezza e pesava ben 1.7 tonnellate. Si trattava di un maschio che, con la sua imponente presenza, stupì molti esperti e appassionati di squali.

Questo evento tragico avvenuto a Gallipoli nel 1979 è solo uno dei tanti episodi che dimostrano il drammatico rapporto tra uomo e squalo. Ancora oggi, gli squali bianchi sono una specie protetta dal CITES a causa del rischio di estinzione a cui sono sottoposti. La speranza è che con l'adozione di misure di protezione sempre più efficaci, meno di questi magnifici predatori finiscano intrappolati nelle reti o nelle palamiti, permettendo loro di

sopravvivere e di continuare a popolare i
nostri mari.

Nell'anno 1987, nella pittoresca tonnara di Favignana, si verificò un evento incredibile e spaventoso. Due squali bianchi fecero il loro ingresso nella tonnara, gettando nello scompiglio e nella paura tutti coloro che si trovavano lì. Al suo ritorno nella rete, un subacqueo fece una scoperta orribile: uno degli squali era morto, ma l'altro era ancora vivo e intrappolato.

I coraggiosi pescatori di Favignana si riunirono nel tentativo di catturare quei due mostri marini dalle dimensioni spaventose. Uno dei pesci misurava incredibili 5 metri e 40 centimetri di lunghezza, pesando oltre 2 tonnellate e mezzo, mentre l'altro era quasi altrettanto imponente. La scoperta fatta nello stomaco dello squalo era altrettanto sorprendente: 20 tonnetti e addirittura un delfino di 200 kg.

Il subacqueo coraggioso che si trovava lì in quel momento era Nitto Mineo. Egli descrive la situazione in dettaglio, raccontando le sue parole di fronte a questa scena spaventosa e incredibile. Mineo racconta che quella notte, nella tonnara di Favignana, c'erano due squali bianchi, un maschio e una femmina. Entrambi furono intrappolati nella rete, con il maschio catturato nella parte chiamata "vucca a 'nnassa" e la femmina nella porta della "bastardella".

Prima di tutto, i pescatori riuscirono a recuperare quello della "nassa" e a portarlo a riva. Tuttavia, dal momento che pesava oltre duemila chili, era impossibile metterlo a bordo della barca, quindi fu rimorchiato. Nel frattempo, Mineo aveva visto l'altro squalo intrappolato, ma decise di aspettare il ritorno della "muciara", ovvero delle reti di pesca. Il tempo passò, più di due ore, e Mineo pensava che lo squalo fosse morto nel suo tentativo di liberarsi, poiché aveva distrutto tutte le reti e si era incastrato in un groviglio di oltre un metro di diametro.

Con lo scopo di liberare lo squalo senza far spostare la barca dalla tonnara, Mineo decise di lavorare dalla parte interna della rete, nonostante il grande sforzo richiesto. Rimuovendo la rete maglia dopo maglia con l'aiuto di un coltello, Mineo era quasi riuscito a liberarlo quando accadde qualcosa di terribile. Si sentì improvvisamente trascinare via, rendendosi conto che lo squalo era ancora vivo. Agì d'istinto, spingendosi indietro con forza per allontanarsi, mentre lo squalo cercava di afferrarlo con la bocca spalancata.

Fortunatamente, Mineo riuscì a mettere una mano sul muso dello squalo e a spingersi ancora più indietro, evitando di essere catturato. La barca e i pescatori si resero conto che qualcosa stava accadendo, poiché lo squalo si tirava a fondo le boe che tenevano la rete in superficie. La bocca dello squalo si avvicinò a pochi centimetri da Mineo, ma fortunatamente era riuscito a allontanarsi di qualche metro, mettendo fine a quel momento terribile.

Mineo descrive quei momenti come estremamente confusi, in cui non riusciva a capire cosa stesse accadendo. Senza nemmeno preoccuparsi di togliersi le bombole e la zavorra, fece un disperato sprint verso la superficie, nuotando i 30 metri d'acqua in un batter d'occhio. Raggiunse da solo la barca, senza l'aiuto dei pescatori che solitamente gli passavano le bombole e la zavorra, e si imbarcò, superando da solo il bordo della "muciara".
Mineo concluse la sua esperienza affermando

di esser "uscito due volte dalla bocca dello squalo". Questa incredibile vicenda rimarrà per sempre nella memoria dei pescatori di Favignana, unita all'incredibile avvistamento di due squali bianchi nella loro tonnara.

Il 17 aprile 1987, nel Mar Mediterraneo a Malta, è stata catturata una specie di squalo impressionante. L'esemplare aveva una lunghezza di 7,14 metri e un peso di 3,165 tonnellate. La storia di questa cattura è conosciuta principalmente grazie al libraio John Abela, che ha raccolto testimonianze da due pescatori coinvolti, Alfredo Cutajar e Vince D'Amato. Tuttavia, ci sono alcune controversie riguardo al racconto di Abela e quindi è necessario considerare altre testimonianze e analisi.

Il pescatore Alfredo Cutajar è uscito alle 4:30 del mattino per controllare i palamiti, una tecnica di pesca con ami fissati su linee fisse. Si è diretto verso le boe di segnalazione del palamito, immerse a 2 chilometri a sud-est dell'isola di Filfla. Arrivato in zona alle 7 del mattino, ha notato che uno dei galleggianti intermedi era scomparso, indicando la presenza di una cattura di dimensioni notevoli. Con l'aiuto di un argano, ha tentato di tirare su la lenza principale, ma senza successo. Ha quindi chiamato il capitano di una barca da pesca d'altura per aiutarlo. Il capitano è riuscito a tirare su la presa, che si è rivelata essere uno squalo bianco gigante.

Lo squalo è stato quindi trainato fino al porto, il cui sollevamento disponibile non era sufficiente per tirare la presa fuori dall'acqua. Le barche si sono quindi diresse verso un porto di pesca dotato di una gru portuale. Durante il viaggio, lo squalo ha mostrato segni di vita. Alla fine, è stato catturato un squalo bianco femmina.

Il libraio John Abela è stato interessato all'acquisto della mascella dello squalo e ha cercato di portare la cattura a livello internazionale. Tuttavia, la mancanza di professionalità ha causato divergenze nelle testimonianze. Inizialmente, Abela ha sostenuto che lo squalo sia stato misurato mentre era ancora in acqua, ma poi ha ammesso che le misurazioni sono state fatte successivamente al porto del pesce di La Valletta. La dimensione ufficiale riportata è di 7,14 metri, ma questo dato è stato messo in discussione da altri esperti che la stimano tra 5,48 e 6,81 metri.

Dallo stomaco dello squalo sono stati estratti una verdesca, un delfino tagliato a metà e una tartaruga. È stato erroneamente concluso che la femmina aveva partorito dieci piccoli squali una settimana prima.

Gli esperti concordano sul fatto che sia necessario avere un protocollo preciso per misurare gli squali e ottenere dati comparabili. I record di dimensioni devono essere presi con cautela e solo se vengono rispettati i criteri scientifici.

Inzio estate 2003 Croazia - Uno squalo bianco femmina di due tonnellate e mezzo e quasi sei metri di lunghezza è stato accidentalmente catturato in una rete da alcuni pescatori croati nel mare Adriatico, a metà strada tra Spalato e Pescara. Questo incredibile evento è avvenuto a circa 20 km a sud-ovest dell'isoletta di Jabuka, in acque territoriali croate.

Dopo essere stata riportata dalla stampa locale. I pescatori raccontaro no di essere rimasti increduli quando, dopo aver tirato su le loro reti, si sono trovati di fronte a uno squalo bianco.

"Al posto di un branco di tonni, che avevamo appena avvistato, abbiamo trovato un mostro tra le nostre reti", ha dichiarato Pave Arkovic, il proprietario del peschereccio. "Abbiamo cercato di scacciarlo per evitare di danneggiare le reti."

Lo squalo è sopravvissuto per circa quattro ore dopo essere rimasto impigliato nella rete e essere stato tirato a bordo. Alla fine, i pescatori hanno deciso di restituirlo al mare, dopo essersi tenuti i denti come ricordo dell'incredibile avventura. Inizialmente non ne abbiamo parlato, ha aggiunto Arkovic, per non spaventare i turisti, ma la notizia si è comunque diffusa rapidamente.

L'esame dei denti dell'animale ha confermato che si trattava di uno squalo bianco. La conferma definitiva è stata data dagli studiosi dell'Istituto oceanografico di Spalato.

Si ipotizza che potrebbe trattarsi dello stesso squalo bianco, chiamato Willy, avvistato nel 1998 vicino ad Ancona. In quel caso, era stato filmato con una videocamera mentre tentava di attaccare uno squalo volpe appena catturato, legato sull'imbarcazione.

8 Settembre 2010

Gli scienziati dell'Ispra hanno condotto una ricerca sulla biodiversità marina nel Canale di Sicilia, raccogliendo dati sin dall'inizio dell'anno. Durante questa ricerca, sono stati consegnati un item insolito - una femmina di squalo bianco di soli 1,6 metri di lunghezza - da un pescatore che l'aveva catturata con una rete a strascico. Questo evento ha destato grande interesse tra i ricercatori, in quanto l'esemplare era ancora in tenera età, avendo meno di due mesi di vita. L'avvistamento e la cattura di un giovane squalo bianco nelle acque del Canale di Sicilia ha supportato l'ipotesi che questa area marina, caratterizzata da una straordinaria biodiversità, possa essere di particolare importanza per la riproduzione di questa specie protetta.

La scoperta di un giovane squalo bianco nel Canale di Sicilia ha generato grande entusiasmo tra i ricercatori, in quanto fornisce ulteriori prove dell'importanza di questa regione per la conservazione della biodiversità marina. Il Canale di Sicilia, situato tra la Sicilia e la Tunisia, è noto per la sua ricca fauna e flora marine. Numerosi studi hanno dimostrato la presenza di una vasta gamma di specie marine, compresi i grandi predatori come lo squalo bianco.

La cattura fornisce nuove informazioni sulla presenza e la riproduzione di questa specie in questa zona del Mediterraneo. Gli esperti suggeriscono che il Canale di Sicilia potrebbe essere un'importante area di riproduzione per gli squali bianchi, che sono considerati una specie protetta a livello internazionale. Questa scoperta ha delle implicazioni significative per la conservazione e la gestione delle risorse marine nel Canale di Sicilia.

Simonepietro Canese, responsabile del programma di ricerca sulla biodiversità marina del Canale di Sicilia, ha sottolineato l'importanza scientifica di questa scoperta. L'esemplare catturato è stato identificato come un giovane squalo bianco, inferiore ai due mesi di età, il che suggerisce che il Canale di Sicilia possa fungere da vivaio per questa specie. Questo giovanissimo esemplare è un chiaro segno che gli squali bianchi trovano qui le condizioni ambientali adatte per la riproduzione e la crescita dei loro cuccioli.

Gli scienziati dell'Ispra continueranno a

raccogliere dati sulla biodiversità marina nel Canale di Sicilia al fine di approfondire la conoscenza delle specie presenti in quest'area. I risultati delle loro ricerche saranno fondamentali per lo sviluppo di strategie di conservazione più efficaci per la fauna marina del Mediterraneo. Sono necessari ulteriori studi per valutare l'entità della popolazione di squali bianchi nel Canale di Sicilia e comprendere meglio il loro ruolo all'interno dell'ecosistema marino.

La cattura di una giovane femmina di squalo bianco nel Canale di Sicilia è un evento eccezionale che ha alimentato l'entusiasmo e l'interesse dei ricercatori. Questa scoperta conferma l'importanza e la straordinaria diversità marina di questa regione, sottolineando la necessità di proteggerla e preservarla per le future generazioni. Il Canale di Sicilia rappresenta un importante habitat per numerose specie marine, tra cui la popolazione di squali bianchi che si riproducono proprio in queste acque. La conservazione di questa specie minacciata, insieme a tutte le altre forme di vita marine presenti nel Canale di Sicilia, deve essere una priorità per garantire la sopravvivenza di questo prezioso ecosistema.

L'associazione francese "Ailerons" ha riportato la cattura accidentale di una giovane femmina di squalo bianco al largo della Tunisia. L'esemplare, lungo tre metri e pesante circa 360 kg, è stato trovato nelle reti dei pescatori e le sue carni sono state vendute al mercato del pesce di Djerba. Questa cattura rappresenta una notizia preoccupante per l'ambiente marino, poiché lo squalo bianco è considerato in pericolo critico di estinzione nel Mediterraneo e rientra nelle appendici di varie convenzioni internazionali.

La presenza dello squalo bianco nel Mediterraneo è sempre più rara, e gli avvistamenti sono spesso legati a episodi di pesca accidentale. È interessante notare che le catture si verificano principalmente tra maggio e settembre, quando i tonni rosso migrano nel Mediterraneo per riprodursi. Gli squali bianchi seguono le loro prede e finiscono spesso nelle trappole dei pescatori. È inoltre importante sottolineare che il Canale di Sicilia è considerato una zona di riproduzione per questa specie, e potrebbe esistere una popolazione di squali bianchi residenti nel Mediterraneo.

La conservazione degli squali bianchi nel Mediterraneo è una sfida importante. La diminuzione delle prede, come il tonno, a causa della pesca intensiva rappresenta una minaccia per la sopravvivenza di queste specie. Per proteggere gli squali bianchi, sono necessarie azioni come un maggior controllo sul pescato, il divieto di utilizzo dei palangari e delle spadare, che sono attrezzi da pesca non selettivi. Il palangaro derivante, in particolare, è un metodo di pesca dannoso per gli squali bianchi, poiché cattura indiscriminatamente altri grandi pelagici.

Oltre alle azioni di conservazione, è importante considerare anche la creazione di aree protette nel Mediterraneo. Il Canale di Sicilia, ad esempio, potrebbe essere designato come una zona internazionale di protezione per gli squali bianchi e altre specie marine. Questo santuario potrebbe coinvolgere anche i paesi del nord Africa e contribuire alla conservazione di queste specie minacciate.

Tuttavia, al momento non è stata presa alcuna decisione in merito alla creazione di queste aree protette e intanto la popolazione di squali bianchi continua a diminuire drammaticamente nel Mediterraneo. È necessario agire rapidamente per proteggere queste specie preziose e garantire la sopravvivenza degli squali bianchi nel nostro mare.

L'equipaggio di un peschereccio tunisino, insieme al loro capitano Rabih Essid, ha vissuto un momento di incredulità quando hanno tirato su la loro rete. Al posto del tradizionale pesce azzurro, si sono trovati di fronte un grosso squalo bianco, lungo quasi 6 metri e pesante due tonnellate, che si agitava freneticamente nel tentativo di liberarsi per oltre due ore. Questo evento straordinario è avvenuto mercoledì 21 dicembre 2022, nelle acque al largo di Capo Ras Kaboudia, il punto più orientale del Sahel tunisino, a sud della Sicilia.

Dopo un duro lavoro, l'equipaggio è riuscito a catturare l'animale, ormai senza vita, utilizzando un argano montato sul peschereccio. L'immensa creatura è stata poi adagiata su un pianale e portata nel piazzale del mercato ittico. Non appena la notizia si è diffusa, molti curiosi si sono radunati attorno all'animale, pronti a immortalare l'incredibile scoperta. Foto e video della spettacolare cattura sono stati pubblicati sui social network il giorno successivo, suscitando l'interesse anche delle associazioni animaliste.

Secondo i media tunisini, l'animale è stato successivamente sfilettato e venduto. I pescatori dichiarano di aver ricevuto un compenso di 6.000 dinari, equivalenti a circa 2.000 euro, per il loro straordinario ritrovamento. Gli esperti spiegano che incontrare uno squalo bianco nel mar Mediterraneo è molto raro, ma non impossibile. Tuttavia, l'estinzione di questa specie sta diventando sempre più una preoccupazione per gli ambientalisti, che hanno espresso profondo dispiacere per la perdita di un esemplare così prezioso.

La notizia della cattura ha suscitato indignazione sui social media, con molti utenti che criticano aspramente l'uccisione di uno squalo bianco, una specie che è già in via di estinzione. I commenti indignati si stanno diffondendo rapidamente, evidenziando la mancanza di consapevolezza e rispetto per la fauna marina. Gli ambientalisti, nonostante l'amarezza per la situazione, continuano a cercare di sensibilizzare l'opinione pubblica sull'importanza della tutela degli squali bianchi e delle altre specie in pericolo di estinzione.

Questo episodio serve da monito per evidenziare la necessità di adottare politiche di pesca sostenibili e di proteggere gli habitat marini. La protezione delle specie a rischio come lo squalo bianco è fondamentale per mantenere l'equilibrio degli ecosistemi marini e preservare la biodiversità. Nonostante i progressi raggiunti in materia di conservazione, eventi come questo sottolineano l'urgente necessità di un impegno collettivo per proteggere e ripristinare gli ecosistemi marini ed evitare che specie preziose come lo squalo bianco scompaiano per sempre dalle nostre acque.

Sono pochi i dati disponibili sul numero assoluto di squali nel Mediterraneo, ma diversi studi hanno rivelato una preoccupante diminuzione della popolazione. Nel 2018, un rapporto dell'IUCN ha classificato gli squali come "vulnerabili" a livello globale. Uno studio del 2016, basato su testimonianze aneddotiche e dati ittici limitati, ha evidenziato un calo dell'80% della popolazione negli ultimi 69 anni. Tuttavia, negli ultimi anni l'introduzione di misure di protezione ha portato ad un incremento nel numero di esemplari. Queste misure includono la conservazione dell'habitat, il divieto di pesca e il contrasto al commercio illegale di parti del corpo di squalo, che può essere molto redditizio.

Tuttavia, la regolamentazione degli squali nel Mediterraneo è complessa a causa dell'ignoranza e delle sfide legate alle acque internazionali. Paesi come la Tunisia e la Libia continuano a catturare squali, sia in modo intenzionale che involontario. Nonostante gli sforzi di conservazione, la situazione degli squali nel Mediterraneo rimane precaria.

Un'importante studio del 2019 ha evidenziato che la riduzione della popolazione degli squali si è fermata al 61% durante la seconda metà del XX secolo. Lo stesso studio ha definito il Mediterraneo orientale come un "habitat subottimale" per gli squali bianchi adulti e ha sottolineato che i settori occidentali più freddi e produttivi potrebbero essere essenziali per le risorse delle specie. Le caratteristiche fisiche, oceanografiche ed ecologiche del Mediterraneo occidentale favoriscono maggiormente gli squali e hanno portato ad una popolazione frammentata di questi animali. Il rapporto ha concluso che gli squali nel Mediterraneo sono "rari ma persistenti".

L'origine della popolazione di squali bianchi nel Mediterraneo è ancora oggetto di dibattito. Secondo alcune teorie, queste popolazioni potrebbero derivare da femmine smarrite molte migliaia di anni fa. Altre teorie sostengono che la loro presenza nel Mediterraneo sia transitoria, a causa delle abituali migrazioni attraverso lo stretto di Gibilterra dall'Atlantico, forse per scopi riproduttivi. Tuttavia, il progetto della Save Our Seas Foundation ha rivelato che l'immigrazione contemporanea dagli oceani Atlantici verso il Mediterraneo è ridotta o addirittura assente, mettendo gli squali bianchi sotto pressione ecologica e rendendoli estremamente vulnerabili.

Manca ancora una conoscenza approfondita sul numero effettivo di squali nel

Mediterraneo. Secondo il biologo Stefano De Maddalena, è impossibile stimare con precisione quanti squali ci siano nella regione. Potrebbero essercene solo alcune decine o alcune centinaia. Per studiare meglio queste creature affascinanti, saranno necessari più avvistamenti, immagini e filmati. Gli squali bianchi nel Mediterraneo rimarranno probabilmente tanto sfuggenti quanto rari.

Nelle acque del porticciolo di Ognina, a Catania, è stato rinvenuto un esemplare di squalo di circa tre metri. Si tratta di uno Squalo Mako pinna corta (Isurus oxyrinchus), appartenente alla famiglia Lamnidae. Le foto del corpo senza vita dell'animale hanno iniziato a circolare rapidamente sui social, diventando virali in poco tempo.

Secondo quanto riportato dal Museo Civico di Storia Naturale - Comiso (RG), l'esemplare di squalo è stato accidentalmente catturato da un pescatore nel golfo di Catania. Purtroppo, l'animale era già morto quando è stato trovato. Il corpo dell'esemplare presentava anche un filo di nylon di una rete da pesca aggrovigliato intorno ad esso.

Grazie all'aiuto di numerosi pescatori presenti nella zona, tra cui gli equipaggi dei Motopesca Trinacria e Daniele, è stato possibile sollevare il corpo dell'esemplare e portarlo in banchina. Questa operazione ha permesso agli zoologi del Museo Civico di Storia Naturale - Comiso (RG) di effettuare rilievi biometrici sul corpo dell'animale e prelevare campioni biologici.

L'esemplare di squalo Mako pinna corta diventerà oggetto di studi e analisi scientifiche da parte del museo, che pubblicherà poi i risultati di tali ricerche. Questo rinvenimento è particolarmente interessante per la comunità scientifica, in quanto offre l'opportunità di analizzare da vicino le caratteristiche e la biologia di questa specie di squalo.

Malta, 12 giugno 2016 uno squalo Mako viene postata un immagine che ritrae il grande pesce appeso, accompagnate da un commento che giustificava l'uccisione dell'animale per prevenire possibili attacchi, hanno scatenato una forte reazione negativa da parte degli utenti dei social media.

L'episodio ha sollevato nuovamente il dibattito sulla caccia ai grandi predatori marini, che sono spesso considerati una minaccia per gli esseri umani. Tuttavia, gli esperti sottolineano che gli attacchi di squali sono estremamente rari e che gli esseri umani costituiscono una minaccia molto maggiore per gli squali.

Il Mako è una specie di squalo che può raggiungere dimensioni notevoli, arrivando anche a 4 metri di lunghezza. Questi predatori marini sono noti per la loro velocità e agilità, nonché per le loro acrobazie in acqua. Sono anche considerati una delle specie di squalo più affascinanti da avvistare durante le immersioni.

Malta, situata nel Mar Mediterraneo, è una

destinazione molto popolare per gli appassionati di immersioni, grazie alla sua ricca biodiversità marina. Tuttavia, l'isola è stata anche oggetto di critiche per le sue politiche di caccia ai predatori marini. La cattura e la uccisione degli squali sono pratiche legali a Malta, ma ciò ha portato a numerose controversie e petizioni per vietare questa pratica.

Secondo alcune fonti locali, la caccia agli squali a Malta è spesso effettuata per scopi commerciali. Le loro pinne sono considerate prelibatezze gastronomiche e il loro olio è utilizzato in prodotti cosmetici e farmaceutici. Questa attività è stata oggetto di critiche da parte di organizzazioni e attivisti per i diritti animali, che sostengono che sia eticamente sbagliato uccidere questi animali per profitto.

Le immagini del Mako appeso in bella mostra hanno alimentato ancora di più la polemica e i dibattiti sulla questione della caccia agli squali. Molti utenti dei social media hanno espresso la loro indignazione, chiedendo maggiori regolamentazioni e una protezione più forte per queste creature marine vulnerabili.

Gli esperti marini hanno evidenziato che gli squali giocano un ruolo vitale negli ecosistemi marini, contribuendo a mantenere l'equilibrio delle popolazioni di altre specie. La loro scomparsa potrebbe avere conseguenze negative sull'intero ecosistema marino.

Nonostante le critiche e le mobilitazioni, la caccia agli squali a Malta rimane legale, ma è evidente che il dibattito sulla questione continuerà a tenere banco. Gli attivisti per i diritti animali e gli esperti marini sperano di sensibilizzare l'opinione pubblica e di portare a una maggiore consapevolezza sulla necessità di proteggere gli squali e gli altri predatori marini.

Ora più che mai, è importante promuovere una pesca sostenibile e responsabile, che tenga conto dell'importanza di mantenere gli equilibri naturali degli ecosistemi marini. Solo attraverso una maggiore consapevolezza e azioni concrete si potrà lavorare verso la conservazione degli squali e della biodiversità marina.

Il 23 Maggio 2020 nei pressi di Catania, viene portato sul porto uno squalo Mako pinna corta di oltre tre metri morto.

Questo evento ha suscitato l'interesse dei cittadini e delle persone appassionate di biologia marina, che si sono congratulate con il museo per il loro lavoro nel raccogliere dati scientifici importanti su questa specie di squalo.

L'interesse pubblico riguardo a questi avvenimenti evidenzia anche l'importanza della divulgazione scientifica e dell'educazione ambientale per promuovere una maggiore consapevolezza sull'ecosistema marino e sulla necessità di proteggere la fauna marina. Solo attraverso la conoscenza e la comprensione delle specie marine possiamo promuovere la conservazione degli ecosistemi marini e garantire la sostenibilità delle risorse marine per le generazioni future.

Capitolo IV
Avvistamento di Grandi squali Bianchi in Italia

Nel 1996 è stata creata la "Banca Dati Italiana Squalo Bianco" per raccogliere ed analizzare tutte le informazioni disponibili sugli squali bianchi presenti nel Mar Mediterraneo. Fino ad ora sono state raccolte 549 segnalazioni di squali bianchi nell'intera area del Mediterraneo. Questi dati forniscono informazioni dettagliate su diversi aspetti, come dimensioni, distribuzione, habitat, comportamento, riproduzione, dieta, pesca e pericolosità per gli esseri umani.

L'esemplare più grande di squalo bianco mai catturato nel Mediterraneo fu una femmina di 589 cm, catturata al largo di Maguelone, in Francia, il 13 ottobre 1956. Un calco di questa femmina è ancora conservato nel museo cantonale di zoologia di Losanna.

Tuttavia, i dati raccolti nel Mediterraneo includono segnalazioni di esemplari la cui lunghezza è stata stimata o riportata come superiore a quella della femmina di Maguelone. Ad esempio, una femmina catturata a Maiorca, in Spagna, nel febbraio 1976, fu stimata di 610 cm di lunghezza, mentre una femmina catturata a Ganzirri, in Italia, nel giugno 1961, fu stimata di 666 cm di lunghezza totale. È stato dimostrato che gli squali bianchi possono raggiungere una lunghezza totale di 7 m.

Sebbene non siano stati osservati accoppiamenti di squali bianchi nel Mediterraneo, sono state trovate cicatrici che si ritiene siano il risultato di "morsi d'amore" su femmine avvistate o catturate nell'area. La fecondità degli squali bianchi è molto bassa e le segnalazioni di femmine gravide sono estremamente rare. Solo 4 casi, di cui uno dubio, sono stati registrati. Una femmina catturata in Sicilia, prima del 1904, è stata ritenuta gravida di 6 piccoli di 40 cm di lunghezza. Una femmina catturata ad Alessandria d'Egitto nell'estate del 1934, lunga 425 cm e pesante 2.500 kg, sarebbe stata gravida di 9 embrioni lunghi 61 cm e pesanti 49 kg ciascuno. È probabile che si sia trattato di un errore di scrittura o traduzione dei dati. Una femmina catturata nel Golfo di Gabès, in Tunisia, nel febbraio 2004, lunga 587 cm, era gravida di 4 embrioni.

I piccoli di squalo bianco nel Mediterraneo vengono dati alla luce da maggio ad agosto. Dei 20 neonati registrati, 9 sono stati trovati nel Canale di Sicilia, 6 nell'Adriatico Nord-Orientale e gli altri sono stati distribuiti in varie aree del Mediterraneo. Il Canale di Sicilia sembra essere l'area principale in cui le femmine danno alla luce i loro piccoli. Le poche figliate registrate variano da 2 a 9 piccoli.

Le segnalazioni di squali bianchi nel Mediterraneo provengono principalmente da

Italia, Croazia, Spagna, Francia, Tunisia, Turchia e Malta. Ci sono anche segnalazioni di esemplari avvistati vicino alla costa, come il caso di un attacco a un subacqueo al largo dell'isola di Lissa, in Croazia, a soli 10 m dalla riva.

Gli squali bianchi nel Mediterraneo preferiscono le acque superficiali e si trovano spesso vicino alle secche, alle isole e ai canali, dove possono trovare un maggior numero di prede. Non sembra che abbiano un territorio specifico, ma possono mostrare una preferenza per un'area in cui si mantengono o a cui ritornano periodicamente.

Negli ultimi anni, la popolazione di squali bianchi nel Mediterraneo è diminuita considerevolmente in alcune aree, come il mare Adriatico e il Golfo del Leone. Attualmente la specie è rara ovunque nel Mediterraneo, ma sono ancora presenti numerose segnalazioni nel mare Tirreno, nel

Canale di Sicilia e nel mare Adriatico.

I movimenti degli squali bianchi nel Mediterraneo sono strettamente legati a quelli dei tonni rossi atlantici. Le segnalazioni di squali bianchi sono più frequenti nei mesi da maggio a settembre e coincidono con le aree di maggiore abbondanza di tonni rossi. Tuttavia, non sembra che gli squali bianchi seguano i tonni nelle loro migrazioni attraverso lo Stretto di Gibilterra.

Sono stati registrati 107 casi di alimentazione degli squali bianchi, che includono descrizioni dei contenuti stomacali, eventi predatori, alimentazione su carcasse e segnalazioni di morsi causati dagli squali bianchi. Nel Mediterraneo, i predatori si basano principalmente sui pesci ossei (soprattutto tonni), seguiti dai cetacei (soprattutto delfini) e dalle tartarughe marine. Gli squali bianchi si rivolgono anche a elasmobranchi (squali), molluschi e uccelli, anche se in misura minore.

Dei 46 casi registrati di alimentazione su pesci, 7 erano pesci non identificati, 34 erano pesci ossei e 5 erano pesci cartilaginei. Dei 34 casi relativi all'alimentazione di squali bianchi su pesci ossei, 17 erano tonni non identificati (Thunnus sp.), 1 era un tonno rosso (Thunnus thynnus), 1 era un tonno alalunga (Thunnus alalunga), 3 erano palamite (Sarda sarda), 1 era uno sgombro (Scomber scombrus), 6 erano pesce spada (Xiphias gladius), 1 era un cefalo (Mugil sp.), 1 era una sardina (Sardina pilchardus), 1 era una cernia, 1 era uno scorfano (Scorpaena sp.) e 1 era un dentice (Dentex dentex). Dei 5 casi relativi a pesci cartilaginei, 1 era una raia (manta o razza non meglio identificata), 1 era uno squalo mako dalle pinne corte (Isurus oxyrinchus), 2 erano pesce volpe (Alopias sp.) e 1 era una verdesca (Prionace glauca).

Sono stati registrati 42 casi di alimentazione di squali bianchi su mammiferi marini, di cui 1 era un pinnipede e gli altri 41 erano cetacei. Solo 1 caso è stato riportato su una foca monaca (Monachus monachus). Dei 40 casi relativi all'alimentazione di squali bianchi su cetacei, 22 erano delfini non identificati, 1 era un delfino comune (Delphinus delphis), 3 erano stenella striata (Stenella coeruleoalba), 6 erano tursiope (Tursiops truncatus), 2 erano focena comune (Phocoena phocoena), 2 erano capodoglio (Physeter macrocephalus), 1 era grampo (Grampus griseus), 2 erano balenottera comune (Balaenoptera physalus) e 2 erano balenottera non meglio identificata.Ci sono centinaia di altri casi di avvistamenti che non sono stati registrati. Dai 34 casi registrati relativi all'alimentazione di squali bianchi su delfinidi, emerge chiaramente che questi cetacei sono una componente frequente della dieta dello squalo bianco nel Mediterraneo. Sono stati anche registrati 9 casi di alimentazione su mammiferi terrestri, tra cui cani, gatti, capre, agnelli, maiali, vitelli e cavalli. Tuttavia, in questi casi si suppone che gli squali bianchi si siano limitati a nutrirsi di carcasse.

Sono stati registrati 10 casi di alimentazione di squali bianchi su tartarughe marine. In 4 di questi casi, la specie non è stata riportata, mentre in 5 si trattava di tartaruga marina comune (Caretta caretta) e in 1 di tartaruga marina verde (Chelonia mydas). Sono stati registrati 2 casi di alimentazione su molluschi, di cui uno su molluschi non meglio identificati e uno su calamari. Sono stati segnalati anche 4 casi di alimentazione su uccelli, di cui 3 erano gabbiani. Sono stati inoltre registrati 17 casi di squali bianchi che avevano ingerito oggetti non commestibili.

Ogni anno nel Mediterraneo si registrano casi di catturea accidentali di squali bianchi da parte di pescherecci di esemplari piccoli e adulti che finiscono nelle reti.

INDICE

BIBLIOGRAFIA

Animal Diversity Web. (2020). Disponible en: https://animaldiversity.org/

Carrasco-Puig P.; Barría C. (2021).Tiburones y rayas, especies en peligro de extinción y que se han de proteger. 1.- Tiburones de nuestro mediterráneo. Asociación para el estudio de los elasmobranquios y sus Ecosistemas. Catsharks. Disponible en: https://www.catsharks.org/2021/08/25/tiburones-de-nuestro-mediterraneo/

UICN. (2022).La lista roja de especies amenazadas. Disponible en: https://www.iucnredlist.org/es

Foto : https://pixabay.com/